Jacques Babinet

I0478358

Télégraphie électrique, ses développements

Le savoir en poche

ISBN : 978-1546628682

10 9 8 7 6 5 4 3 2 1

Jacques Babinet

Télégraphie électrique, ses développements

Le savoir
en poche

Table de Matières

Télégraphie électrique, ses développements

Fulminis acta modo.
Transmis avec la rapidité de la fondre. (VIRGILE.)

La télégraphie électrique a pour but d'envoyer, au moyen des courants électriques, des signaux à de grandes distances. La France semble devoir être le pays le plus favorable aux communications télégraphiques. Les télégraphes aériens de Chappe ont fait jusqu'à nos jours honneur à la France, ainsi que le reconnaît un auteur anglais, et l'usage de ces appareils n'est point encore abandonné ; ils ne redoutent que les temps de brouillard, qui interceptent la vision des flèches mobiles qu'ils emploient. Quoique la rapidité de transmission des dépêches par cette voie parût, vers la fin du siècle dernier, tout à fait admirable, elle n'est rien, comparée à la vitesse de l'électricité sur les fils conducteurs, car on sait par des expériences précises, et dont l'initiative est due à M. Wheatstone, que le courant électrique, en une seconde de temps, ferait plusieurs fois le tour de la terre.

Et d'abord qu'est-ce que c'est que l'électricité ?

Il y a en général trois manières de définir : par étymologie, par énumération, par théorie.

L'électricité a emprunté son nom de la substance appelée par les Grecs *électron*, par les Latins *succin*, et par les Arabes *carabé*. Le *succin* ou ambre jaune est une résine fossile qui, comme toutes les résines, s'électrise par le frottement. Si le lecteur veut bien prendre, un bâton de cire à cacheter ordinaire et le frotter sur une étoffe quelconque en allant toujours dans le même sens, il verra que ce bâton ainsi électrisé attire fortement les fils ordinaires et les corps légers dont on l'approche. Cette propriété était comme dans l'école de Thalès cinq ou six siècles avant notre ère. C'est seulement dans le siècle dernier que l'on découvrit que l'action d'un corps électrisé pouvait être transmise au loin par un fil métallique convenablement supporté et isolé. L'expérience est de Gray et de Wheler.

Définir l'électricité par l'énumération de ses effets serait une tâche bien vaste aujourd'hui, où l'on a reconnu qu'il n'est à peu près aucun phénomène de la nature vivante ou inorganique, — dans l'atmosphère, sur la terre, sur les mers, — où son action ne vienne se mêler, sans compter les orages de foudre où l'électricité joue le principal rôle. Disons seulement, en ce qui se rapporte à notre sujet, que l'électricité, quelle que soit sa nature ou son origine, est susceptible d'être transmise à toute distance le long des fils métalliques, et qu'elle s'y propage avec une rapidité presque infinie.

Enfin, si nous voulons définir théoriquement l'électricité, nous concevrons cet agent comme un fluide excessivement léger, susceptible de se répandre, de couler pour ainsi dire le long des corps conducteurs, de manière à en atteindre instantanément les extrémités les plus éloignées par une espèce de courant, dont l'écoulement donne naissance à des actions mécaniques, physiques, physiologiques en traversant les différents corps. Au milieu du siècle dernier, la commotion nerveuse produite par l'appareil appelé *bouteille de Leyde* appela l'attention du public sur l'électricité agissant ainsi sur l'homme et sur les animaux, et la phrase *se faire électriser* indique encore l'effet de cette expérience sur l'homme. Plus tard. Franklin ayant soutiré l'électricité des nuages et inventé les paratonnerres, l'attention resta fixée sur cette branche importante de la physique.

Tout à la fin du dernier siècle, Volta, en empilant plusieurs disques de deux métaux différents, séparés par des disques non métalliques, mit au jour un appareil merveilleux, qui non-seulement produit de l'électricité, mais qui la renouvelle continuellement dès qu'elle s'est écoulée par un fil métallique. Voilà notre courant télégraphique : un appareil de Volta, une pile électrique, à Paris, étant armée à sa partie supérieure d'un fil de fer ou de cuivre qui va porter l'électricité, jusqu'à Marseille, produit un courant continu, allant de la première de ces villes à l'autre, en sorte que, si l'on avait un moyen de savoir quand le courant passe ou ne passe pas par le fil, on pourrait, en lançant ou arrêtant à Paris le courant électrique, faire des signaux à Marseille, ou même à une distance bien plus grande, et cela instantanément.

Or c'est précisément ce que nous pouvons faire au moyen de la découverte. d'OErsted, physicien danois, qui, en 1820, trouva que, quand on fait parcourir un fil métallique à un courant parti d'une pile de Volta, il annonce son passage en agitant une aiguille aimantée placée près du fil métallique et le long de celui-ci. Pour faire donc un signal de Paris à Marseille, nous aurons près de l'extrémité du fil, qui est dans cette dernière ville, une aiguille aimantée, et par les mouvements qu'elle prendra quand nous enverrons le courant, nous aurons le signal de Paris. Pour faire de ces signaux un véritable alphabet, nous conviendrons que les lettres A, B, C, etc., seront représentées par un certain nombre de mouvements de l'aiguille à droite ou à gauche. Tel est le fondement et la manière de procéder du télégraphe dit *télégraphe anglais* parce qu'il est à peu près exclusivement employé de l'autre côté de la Manche. La première indication de ce télégraphe fut donnée par l'illustre Ampère, ainsi que nous le verrons tout à l'heure. Dans les premières années qui suivirent l'invention de la pile de Volta, Soemmering proposa de faire des signaux par la pile voltaïque en faisant agir chimiquement le courant à une grande distance sur des matières décomposables par l'électricité ; mais il était fort douteux que l'énergie chimique du courant fût capable de se transmettre efficacement à de grandes distances.

Après Volta, qui trouva la pile électrique et son courant, après OErsted, qui découvrit l'action du courant sur l'aiguille aimantée, viennent les travaux de M. Arago, qui reconnut que le courant produisait des aimants très énergiques par son action sur des barreaux de fer doux entourés de fils conducteurs de l'électricité. Une fois en possession de cette énergique action, la télégraphie électrique a tout osé. Elle a fait parcourir à des aiguilles analogues à des aiguilles de montre les divers points d'un cadran où sont écrits les lettres et les chiffres que l'on veut indiquer à son correspondant. Ce que le courant fait à Paris, il le fait à Marseille, et l'indication du cadran de Paris se répète fidèlement à mille, à deux mille, à trois mille kilomètres. Bien plus, comme l'aimant instantané produit dans l'expérience de M. Arago peut être rendu plus ou moins énergique à volonté, on peut développer assez de force pour faire imprimer la lettre que l'on a amenée devant le papier à dépêches, ou bien on peut marquer sur ce papier des points, des traits, des combinaisons de ces deux signes, soit avec de l'encre, soit à la pointe sèche en rayant ou perçant le papier ; en un mot, l'action de l'aimant qui peut tirer, pousser, frapper, presser, etc., doit être considérée comme l'action d'une main que l'on pourrait étendre de Paris à Marseille ou de New-York à la Nouvelle-Orléans, c'est-à-dire à plusieurs mille kilomètres de distance.

On peut facilement imaginer que les premiers principes de Volta, d'OErsted, d'Arago une fois livrés au public, la spéculation industrielle s'en empara, et épuisa tout ce que le génie de l'homme, activé par la beauté du sujet ou par le mobile de l'intérêt, peut inventer de plus ingénieux et de plus utile. Ce serait la matière de plusieurs volumes, que d'essayer de faire connaître, même sommairement, tout ce qui a été fait dans ce genre et tout ce qu'on y ajoute journellement. Dans l'état actuel de la télégraphie électrique, on peut, pour quelques centaines de francs, se procurer le plaisir d'établir dans son domaine, entre deux bâtiments même fort éloignés, deux postes télégraphiques à cadrans avec des sonneries pour avertir qu'on veut correspondre ou transmettre des ordres, ces transmissions se faisant par des indications de lettres et de chiffres ordinaires qui n'offrent aucune difficulté à envoyer ou à recevoir et à lire.

Après les États-Unis, où la télégraphie électrique a dû prendre un prodigieux développement, puisque, cette nation a un continent tout entier pour territoire, c'est en Angleterre, dans un territoire au contraire très peu étendu, que l'activité commerciale a considérablement développé l'emploi du télégraphe électrique. Commençons cependant par la France.

Ce n'est guère que depuis 1850 que notre pays est entré sérieusement dans la voie de la télégraphie électrique. Cette belle branche de la science et de l'industrie y prend aujourd'hui un rapide développement. Strasbourg, Lyon, Marseille, Bordeaux, Nantes, le Havre, Calais, Dieppe, Toulouse, sont atteints, et de semaine en semaine, d'après le magnifique plan mis en exécution par notre belle administration télégraphique française ; l'année 1853 ne se terminera point sans qu'on ait relié à Paris tous les chefs-lieux des départements au moins par deux communications électriques. L'École polytechnique, appelée par ses élèves à concourir au perfectionnement de cette télégraphie scientifique, y imitera, comme elle l'a déjà fait dans d'autres services publics, la sève vigoureuse d'une instruction supérieure. Je ne puis oublier les services d'un savant et d'un praticien de premier ordre, M. Bréguet, qui a construit tout le matériel de France et celui de quelques autres états. M. Bréguet a su répondre dans ses constructions à toutes les exigences du service français, qui n'admet rien que de complètement satisfaisant, tandis qu'en Amérique on se contente trop souvent d'approximations éloignées vers la perfection. Dans les nombreuses relations que j'ai pu avoir avec les chefs de corps qui dirigent tous les genres de services publics à l'étranger, j'ai toujours trouvé qu'ils reconnaissent la supériorité de marche et la capacité de nos services et de nos établissements français, et je pense que pour la télégraphie électrique comme pour le reste, rien ne se fait hors de France avec plus de sûreté, de régularité, de probité, ou, en un mot, avec plus d'honneur.

Les signaux transmis en Angleterre par l'agitation d'une ou de deux aiguilles aimantées sont sujets à être troublés par des courants produits par des circonstances météorologiques, des orages, des aurores boréales ou de petites convulsions intérieures de la terre, peut-être même par les brusques variations de la température. En France, on fait exclusivement usage du télégraphe à aiguilles non aimantées et donnant leurs indications sur un cadran portant des lettres. Comme on est obligé de passer sur ces vingt-six lettres ou chiffres pour faire le tour du cadran, on a obtenu une accélération notable en ne mettant que huit indications sur le cadran, en sorte qu'en prenant un double cadran on a huit fois huit, c'est-à-dire soixante-quatre indications, ce qui dépasse tous les besoins de l'alphabet. Comme on opère des deux mains, la rapidité de transmission et de lecture devient très grande dans ce cas, et peut atteindre, dit-on, près de deux cents lettres à la minute ; mais dans l'usage ordinaire et avec la sûreté qu'exige le service français, soixante lettres par minute sont déjà une vitesse de transmission considérable, et c'est plutôt la difficulté de lire que celle d'écrire qui arrête la rapidité des communications, quoique certains employés *lecteurs* arrivent à une promptitude de perception vraiment inconcevable.

Il n'y a donc en France que deux systèmes de télégraphes, l'un à cadran et à lettres, l'autre à deux cadrans et à deux aiguilles susceptibles chacune de huit positions. Il n'y a point jusqu'à présent de *télégraphes-imprimeurs* : s'il m'était permis de me prononcer là-dessus, je pense que notre système actuel sera longtemps suffisant pour l'activité probable des transmissions usuelles, et pour aller plus vite, il serait peut-être plus avantageux d'opérer avec un double système de fils et de cadrans que de pousser un seul appareil à des vitesses qui excluent toute sûreté dans les signaux transmis.

Je ne fais aucun doute que d'ici à peu d'années la France, qui a déjà profité de l'expérience de l'Angleterre et de l'Amérique, aura établi des règles sûres pour guider tous les établissements futurs de télégraphie électrique. Il me semble qu'un bureau consultatif qui serait mis à même de provoquer des recherches expérimentales sur les points embarrassons de la pratique télégraphique servirait beaucoup au perfectionnement ultérieur et à la bonne exécution de tous les procédés actuels, en même temps qu'il aviserait aux moyens de remédier à toutes les causes de perturbations qui peuvent altérer la marche de ces admirables instruments. Pour n'en citer qu'un exemple, comment se fait-il que le monde entier ne soit pas encore fixé sur le mérite relatif du système des fils portés sur des poteaux ou déposés sous terre avec une enveloppe de gutta-percha, et comment ce procédé qui traverse les mers n'a-t-il pas réussi dans la jonction de l'observatoire de Paris à la station centrale du ministère ?

Jacques Babinet

Tout le monde sait qu'en Amérique on a fait un usage merveilleux du télégraphe électrique pour fixer la position des lieux en longitude. Au commencement de 1854, le télégraphe électrique nous donnera toutes les longitudes de France avec une admirable précision. Depuis l'établissement du câble sous-marin. M. Arago en France et M. Airy en Angleterre désiraient relier les observatoires des deux nations au moyen de la transmission d'un signal électrique. Cette jonction des deux principaux observatoires du monde, si facile aujourd'hui, avait déjà donné lieu à des travaux antérieurs très pénibles et offrant des résultats peu concordants. Des astronomes français et anglais, MM. Herschel, Largeteau, Sabine et Bonne, s'étaient envoyé des signaux des deux côtés de la Manche au moyen de fusées lancées à plus d'un kilomètre de hauteur sur les deux rivages opposés du détroit et observées en même temps dans les deux pays. Le signal électrique sera infiniment plus sûr et plus commode, et depuis quelques jours l'astronome royal d'Angleterre a fait savoir qu'il était en mesure de transmettre des signaux d'un observatoire à l'autre. À l'observatoire de Paris, M. Arago et la télégraphie du ministère de l'intérieur étaient prêts depuis plusieurs mois. La différence des temps entre l'observatoire de Paris et celui de Greenwich est considérée aujourd'hui comme étant de neuf minutes vingt et une secondes et demie. Il sera curieux de voir si les anciennes méthodes seront trouvées en défaut par l'infaillible électricité et de combien ! Au reste on ne se figure pas ordinairement le peu d'espace qu'il suffit de franchir pour changer les heures. Rouen et Paris diffèrent de cinq minutes, en sorte qu'une montre réglée à Paris avance de cinq minutes quand on la porte à Rouen, et dans Paris même, deux points très rapprochés, par exemple le Luxembourg et l'École polytechnique, diffèrent déjà de trois secondes de temps, dont la pendule bien réglée au Luxembourg retarde sur la pendule également bien réglée à l'École polytechnique. Un compteur transporté d'un de ces points à l'autre montre tout de suite ce désaccord. À l'occasion de ce qui se fait dans d'autres pays, j'aurai encore à signaler plusieurs des particularités d'établissement et de fonctionnement de la télégraphie française. Quant à la vitesse, que les anciens attribuaient à l'agent physique de la foudre, qui depuis a été reconnu identique avec l'électricité ordinaire, c'est sans doute, en voyant un éclair sillonner tout d'un coup une vaste étendue de nuages qu'ils ont pu juger de sa vitesse de transmission, Car ils ne possédaient aucun des moyens de mesurer le temps qui ont permis d'attaquer de nos jours ce difficile problème.

En Angleterre, la *Compagnie de télégraphie électrique* a beaucoup étendu ses opérations dans ces dernières années. Il y avait, aux derniers mois de 1852, au-delà de trois cents stations pourvues de télégraphes électriques, et l'une après l'autre toutes les administrations de chemins de fer ont senti la nécessité d'adopter cet utile auxiliaire. Aux principales stations commerciales des employés sont en fonctions nuit et jour. On compte au moins cent stations pareilles, et dans les autres moins importantes, les dépêches ne se transmettent que de jour. La longueur des routes occupées télégraphiquement était, au mois d'août dernier, de 5 à 6,000 kilomètres ; mais depuis cette époque, cette distance s'est considérablement accrue. En la portant à 8,000 kilomètres, on serait sans doute encore au-dessous de la réalité. Le lecteur voudra bien se rappeler que le kilomètre français est tout juste la quarante-millième partie du contour de la terre, en sorte que les fils anglais font aujourd'hui en longueur la cinquième partie du contour de notre planète. Une seule compagnie a employé 4,000 kilomètres de fil de fer galvanisé, et elle a cédé à d'autres entreprises une partie de ses droits, moyennant arrangement pécuniaire.

Dans le télégraphe anglais, les fils sont ordinairement d'un sixième de pouce de diamètre (un peu plus de 4 millimètres). Nos fils français ont à peu près la même dimension, savoir 4 millimètres. On a couvert tous les fils d'une mince couche de zinc par un procédé galvanique, pour les préserver de l'oxydation. Six kilomètres et demi d'un pareil fil, anglais ou français, pèsent à peu près une tonne, c'est-à-dire 1,000 kilogrammes. Les poteaux qui supportent les fils, un peu plus rapprochés qu'en France, sont espacés de 60 mètres et garnis de pièces de porcelaine ou d'autres substances isolantes, pour que le fil ne touche pas immédiatement le bois du poteau, ce qui ferait perdre une partie du courant. La forme de ces pièces fait qu'elles sont abritées en dessous contre la pluie. À des intervalles de 400 mètres environ, il y a des appareils pour tendre ou relâcher les fils au degré convenable. En France, le même espace est de 500 mètres. Le grand nombre de fils que l'on aperçoit le long des principales ligues de chemins de fer n'est pas nécessaire pour la transmission d'un message. Un simple fil peut y suffire ; mais les autres servent à diverses correspondances spéciales pour les diverses stations.

Le télégraphe à *aiguilles* aimantées est toujours le plus généralement employé en Angleterre. C'est, sinon le plus commode, au moins le plus sensible de tous ; mais c'est aussi celui qui se laisse le plus facilement déranger par les perturbations météorologiques. Les signaux se transmettent par les seules agitations imprimées à deux aiguilles aimantées. Malgré plusieurs perfectionnements, ce système, dit *système anglais*, est encore à peu près celui que MM. Cooke et Wheatstone mirent en usage, et qu'ils essayèrent même à Paris, sur le chemin de fer de Versailles. En général, la grande compagnie télégraphique anglaise a acquis les brevets de toutes les inventions et de toutes les machines patentées, de manière à les employer concurremment avec le télégraphe à aiguilles.

Il y a eu beaucoup de procès et de plaidoiries on Angleterre à l'occasion des droits établis par les brevets et patentes sur la télégraphie électrique ; mais on peut dire que toutes ces poursuites judiciaires ne sont rien en comparaison de ce qui a eu lieu aux États-Unis, où le système de la télégraphie électrique est développé sur une immense échelle. Les télégraphes le plus en usage dans cette contrée sont ceux de Morse, de Bain et de House, dont le système général consiste à imprimer, graver à la pointe sèche, tracer mécaniquement ou chimiquement des lettres ou des alphabets de convention, en un mot à fournir une dépêche *écrite*, tandis qu'en France et en Angleterre la dépêche est toujours *lue* et ne laisse aucune trace. Entre 1837 et 1840, le professeur américain Morse prit sept brevets d'invention. Dans un procès soutenu par ses ayant-cause en 1851, les preuves juridico-scientifiques formaient un volume de plus de 1,000 pages. Le nombre de pages pour les petits procès n'est ordinairement que de 3 à 400 ; mais il s'agissait de télégraphes qui emploient les fils conducteurs par mille et mille kilomètres.[1]

---

1 Une circonstance honorable pour la France, et sur laquelle on devra insister quand on fera l'histoire détaillée de la télégraphie électrique, c'est qu'après les noms de Volta, physicien italien, inventeur de la pile, et d'OErsted, qui trouva l'action de la pile sur l'aiguille aimantée, les principaux savants dont les découvertes ont donné la possibilité de transmettre des signaux au loin, soit par la lecture, soit par l'impression, sont Français. Les travaux de MM. Ampère et Arago sur l'électro-magnétisme font une partie considérable de leur gloire et de celle de l'Institut et de la France même. Ampère, en 1822, énonce expressément l'idée du télégraphe électrique (*). « On pourrait se servir, dit-il, dans certains cas de l'action de la pile sur l'aiguille aimantée pour transmettre des indications au loin. Il faut alors employer un fil conducteur assez gros, parce que le courant électrique s'affaiblit très sensiblement dans les fils fins, quand la longueur du circuit est considérable ; cet inconvénient n'a pas lieu avec un fil d'un diamètre suffisant ; alors l'aiguille se met en mouvement dès que l'on établit la communication. Nous ne nous arrêterons pas à développer les cas où ce genre de télégraphe présenterait quelque utilité et pourrait être substitué aux porte-voix et aux autres moyens de transmettre des signaux ; il nous suffira de remarquer que cette transmission est, pour ainsi dire, instantanée. M. Soemmering avait imaginé un télégraphe du même genre, mais au lieu d'employer L'action d'un faisceau de fils sur autant d'aiguilles aimantées qu'il y a de lettres, il proposait d'observer la décomposition de l'eau dans autant de vases séparés. » L'ouvrage que nous citons ici, et qui de plus contenait un précieux exposé des découvertes de Fresnel sur la lumière, ayant été

Quelques-uns des systèmes de Bain et de Morse sont fondés sur un effet chimique, à peu près suivant le principe indiqué par Sœmmering. Une pointe métallique glisse sur un papier préparé chimiquement, et suivant qu'on envoie ou qu'on supprime le courant, elle y trace des points, des traits allongés, des doubles ou triples points ou des traits simples et doubles qui font un alphabet facile à lire, et on a de plus l'avantage, de conserver *écrits* les mots ou les dépêches transmis. Ces traits et ces points peuvent aussi signifier les un ils d'un vocabulaire particulier dont les deux seuls correspondrons ont la clé. En France, excepté les dépêches diplomatiques et celles que le courrier de l'Inde, arrivant à Marseille, transmet tout de suite au gouvernement anglais par le câble sous-marin, aucune dépêche secrète ne peut être transmise ; mais on a constaté jusqu'ici que, malgré les graves intérêts d'affaires pécuniaires qui ont été débattus par la voie électrique, aucune infidélité, aucune indiscrétion même n'a pu être reprochée à nos employés français. Plusieurs personnes m'assurent, mais je répugne à le croire, que, malgré les chiffres employés par les Américains, le secret du télégraphe par les américains n'a pas été aussi scrupuleusement respecté que chez nous, et que même, pour

détruit par suite d'embarras de librairie, il n'en est resté que peu d'exemplaires, qui se paient aujourd'hui au prix exorbitant. L'article relatif à l'*électro-magnétisme* a été traduit en allemand et on peut au besoin se le procurer dans cette langue, comme on l'a fait en Amérique, on l'intérêt pécuniaire a conduit à l'érudition. M. Ampère fils, l'académicien actuel ; dans un récent voyage aux États-Unis, a eu le bonheur de recevoir les félicitations dues à son père pour cette belle idée, à laquelle il ne manquait que la mise en œuvre. Dans la deuxième édition de l'excellent voyage de M. Charles Olliffe, intitulé *Scènes américaines*, ouvrage fait sur les lieux et aussi consciencieux dans les détails qu'intéressant par le fond du sujet, — l'auteur, après avoir parlé du fait physique découvert par OErsted, ajoute avec une complète justice que les principes de la nouvelle branche de physique furent appliqués pour la première fois par *un illustre Français, M. Ampère*. Ceux qui pourront se procurer l'ouvrage publié en 1822, et qui a pour litre *Supplément à la traduction de la Chimie de Thompson*, par Riffault, y trouveront aussi les principaux résultats des travaux de M. Arago sur l'aimantation du fer par les courants électriques. Si l'exposé de 1822 ne contient pas plus de détails sur cet important objet et sur le magnétisme par rotation, autre découverte de premier ordre de M. Arago, c'est que M. Ampère regardait ces deux découvertes (très bien connues du reste à cette époque) comme la propriété de son illustre confrère, et ce n'est que plus tard qu'il a dans ses théories invoqué les lois d'aimantation établies par M. Arago. Disons encore que tandis que le courant d'OErsted et d'Ampère agite faiblement une aiguille aimantée de Paris à Marseille, le courant aimantateur d'Arago crée à la même distance un vigoureux aimant, qui meut énergiquement l'aiguille d'un cadran portant des lettres, ou qui pointe des marques sur le papier, ou enfin qui imprime un message en toutes lettres comme une presse typographique.
(*) Voyez l'*Exposé des nouvelles découvertes sur le Magnétisme et l'Electricité*, par MM. Ampère et Babinet, p. 236. Le litre du paragraphe est *Télégraphie électro-magnétique*.

Jacques Babinet

retarder une nouvelle politique, on a quelquefois rompu les communications.

Il y a un grand nombre de systèmes brevetés en Angleterre, en Allemagne et en Amérique, qui offrent des analogies avec ceux de Bain et de Morse. Dans le système de House, 150 ou 200 lettres peuvent être imprimées, dit-on, en une minute. Telle est aussi la rapidité étonnante avec laquelle nos employés télégraphiques exercés transmettent et lisent les signaux de Paris à Marseille. Cette rapidité, — à peu près égale à celle des indications d'un sourd-muet qui, promenant une pointe sur un alphabet écrit circulairement, indiquerait à un sien confrère les lettres qui doivent composer un discours, — dépasse de beaucoup l'aptitude ordinaire de rapide conception d'un témoin quelconque, et notamment la mienne.

On affirme que le système dit House peut transmettre plus de lettres par minute qu'aucun autre système ; mais il y a ici, comme pour la *méthode accélérée* de Bain, qui dépose sur un papier chimique un millier de lettres par minute, une circonstance grave à mentionner : c'est le temps qu'il faut pour préparer la dépêche, ce qui établit une compensation, Je ne puis m'empêcher de remarquer que l'essai fait en France du système de Bain, essai fait par lui-même sur la ligne de Paris à Tours, n'a pas été heureux. Dans le travail ordinaire, on transmet en Amérique 70 à 100 lettres par minute, à peu près comme en France, quoique avec un peu moins de sûreté, parce que les dépêches en chiffres diplomatiques n'admettent pas l'utile contrôle de l'intelligence du lecteur télégraphique. Dans un jour seul de l'été de 1852, la ligne de Bain transmit de Boston à New-York 500 messages, formant plus de 5,000 *mots*, de nouvelles politiques et commerciales.

Voici maintenant la partie industrielle du système télégraphique.

En Angleterre comme en France, il y a le long des chemins de fer des fils exclusivement réservés au service du *rail-way*. Les propriétaires du chemin paient un droit à la compagnie électrique. Un très petit nombre de fils est réservé à l'usage exclusif du gouvernement ; mais le plus grand nombre des fils est au service du public pour les besoins du commerce. Pour ceux-ci, c'est la compagnie du télégraphe qui paie à la compagnie du chemin de fer un droit pour l'usage qu'elle fait de la voie et des stations. Les compagnies des chemins de fer transmettent un nombre infini d'ordres sur la ligne ; le gouvernement en transmet de même aux arsenaux, aux ports et aux chantiers de construction ; enfin le public fait de ces fils un moyen de communications privées dont l'étendue et le nombre augmentent tous les jours.

Ainsi donc la société et le commerce usent des avantages du télégraphe électrique, dont l'importance n'est plus une question. Les marchands et les capitalistes envoient leurs instructions aux fabricants de province ; ceux-ci réciproquement font connaître le progrès de leurs travaux. Les propriétaires de vaisseaux et les bureaux d'affaires maritimes correspondent avec tous les ports. Les avocats et hommes de loi s'entretiennent avec leurs clients et avec les témoins. Les commis-voyageurs tiennent leurs patrons au courant de leur gestion. Des sommes d'argent sont expédiées sans papier, sans note et sans billets. Les médecins consultent entre eux et sont consultés par leurs malades. La police transmet des ordres pour l'arrestation des malfaiteurs. Les résultats des élections, des courses de chevaux, des assemblées politiques » et généralement de tout ce qui fixe l'attention publique, sont connus tout de suite. L'état du temps qu'il fait en chaque endroit est instantanément transmis aux intéressés, des familles entières se rendent, chacune de son côté, aux deux extrémités de la ligue électrique qui les sépare, et s'entretiennent de leurs affaires domestiques, des ventes importantes se font, des transactions sont proposées ; en un mot, il est difficile d'imaginer des limites à l'emploi utile du télégraphe électrique.[2] Les correspondants qui n'ont point de chiffres condensent leur message autant que possible, car la compagnie anglaise (actuellement du moins) perçoit 3 fr. pour la transmission de vingt mots, si la distance n'excède pas 100 milles anglais (161 kilomètres), et le double pour des distances supérieures. Celui qui veut écrire remplit un papier blanc fourni par l'administration ; un employé compte les mots, touche le prix, donne un reçu et porte le papier à la machine qui le transmet immédiatement. Si le correspondant ne se trouve pas au bureau où la dépêche est envoyée, il y a des facteurs qui la portent à son adresse. Le prix de leur service est en sus du prix d'envoi. Dans plusieurs des districts manufacturiers, le prix de la course du facteur n'est que de 1 franc 25 cent ; mais ce sont alors de petites distances.

La compagnie anglaise se propose, dit-on, d'établir un télégraphe *franc*, c'est-à-dire qui n'aura pas besoin de l'affranchissement forcé actuel. Le prix de réception sera alors de 5 shillings (6 francs 25 cent.) ; alors chacun fera son courrier chez soi et l'enverra comme

---

2 J'apprends de plusieurs côtés que la rapidité du télégraphe électrique, bien supérieure à celle des ailes mythologiques de l'Amour, a supprimé les mariages impromptu de Gretna-Green sur la frontière d'Ecosse.

par la poste ordinaire, mais avec la rapidité de l'éclair.

Durant les derniers mois de la grande exposition de Londres, on vendait dans l'intérieur du Palais de Cristal des cartes météorologiques à 10 centimes qui faisaient comprendre un des plus utiles emplois du télégraphe électrique. Un télégraphe placé dans le local de l'exposition communiquait avec tout le système télégraphique d'Angleterre. À neuf heures du matin, chaque jour l'état du vent et du temps était transmis à la station centrale de Londres et de là au Palais de Cristal. On avait des cartes tout imprimées, et on y plaçait chaque jour la direction du vent, la hauteur du baromètre, du thermomètre, observée et transmise le jour précédent, à côté du nom de chaque ville qui avait correspondu. On possédait réellement une carte météorologique d'Angleterre pour le matin du jour précédent. « Une fois, dit M. Archer, nous désirâmes connaître l'état actuel de l'atmosphère dans dix-huit villes, pour le comparer à celui de la veille, et en une demi-heure notre curiosité fut satisfaite. »

Dans les élections de 1852, le gouvernement et la compagnie électrique firent un arrangement qui permit de connaître à Londres à toute heure l'état du scrutin que le gouvernement transmettait ensuite, à tous les journaux et aux personnes intéressées. Ceci n'a rien d'extraordinaire ; mais ce qu'il est curieux de constater, c'est que plus d'un *millier de messages* passèrent sur les fils électriques de la station centrale de Lothbury dans Londres. Outre cette station centrale, il en existe douze ou quinze autres allant à la Banque, à l'Amirauté, au palais de la reine, à l'office général des postes et à plusieurs stations de chemins de fer.

On a essayé d'établir une concurrence à la grande et ancienne compagnie électrique, mais cela présente de graves difficultés. C'est seulement dans les districts manufacturiers du nord que la nouvelle compagnie, sous le nom de *Compagnie Britannique*, opérant en vertu d'un acte obtenu du parlement en 1850, a pu établir ses fils électriques. Les arrangements pris avec les riches et nombreuses cités manufacturières permettent à cette compagnie un immense développement, qui sera, dit-on, accompli dans la première moitié de 1853. L'acte parlementaire de 1850 autorise la *Compagnie Britannique* à ouvrir et creuser toutes les rues, grands chemins et routes qu'il lui semblera utile de parcourir. Enfin de la station centrale de Barnsley partira un fil souterrain de 300 kilomètres de longueur qui arrivent à Londres et établira la communication entre les télégraphes de la compagnie et la métropole. Comme il est plus facile de suivre par un fil souterrain la voie d'un chemin de fer qu'une route ordinaire, la Compagnie Britannique prétendit qu'elle avait le droit de creuser le long des voies de fer occupées par la compagnie ancienne, dont les fils sont portés par des poteaux. Aucun arrangement n'ayant pu avoir lieu, la question se représentera en 1853 au parlement.

Toutes ces remarques se rapportent presque exclusivement au télégraphe aérien ou, si l'on veut, à celui dont les fils sont placés au-dessus du sol et portés par des poteaux ; mais on sent de plus en plus le besoin de télégraphes à fils souterrains, et surtout pour les villes où le système de la suspension est presque impossible. Par exemple toutes les principales stations de Londres et des autres capitales sont reliées par des fils passant sous le pavé des rues ou des routes ; les fils sont recouverts de gutta-percha, et de plus ils traversent et suivent des tuyaux de fer ou de bois qui les protègent. Dans quelques pays du continent, en Prusse par exemple, le système souterrain était adopté dans ces dernières années à l'exclusion de tout autre ; mais en plusieurs localités les poteaux commencent à être préférés. Espérons que notre administration, forte de ses lumières et de celles de M. Bréguet, modifiera les propriétés de dilatation de la gutta-percha pour l'emploi commode des fils souterrains, emploi dont on s'est déjà si bien trouvé pour les câbles sous-marins.

Nous n'avons encore rien dit du plus intéressant de tous les télégraphes qui ne sont pas à ciel ouvert. À mesure que l'emploi du temps de l'observatoire royal de Greenwich devint général pour régler toutes les heures des stations sur un même point de départ et éviter la confusion périlleuse des heures, on sentit le besoin d'indiquer ce temps avec précision à Londres ; tel est le but du globe élevé dans le Strand. La compagnie du télégraphe électrique et l'astronome royal, M. Airy, se sont concertés pour l'exécution de ce plan. Un fil souterrain part de l'observatoire, traverse le parc de Greenwich, et, après avoir rejoint la station du chemin de fer, il arrive à Londres et à l'office télégraphique, dans le Strand. À L'extrémité supérieure du bâtiment est élevée une tige creuse dont l'intérieur donne passage à un fil électrique. Une grosse boule vide et légère peut se mouvoir haut et bas, monter et descendre de huit à dix pieds verticalement. À une heure moins dix minutes après midi, on la hisse presque au sommet de la tige qui la traverse, et à une heure moins cinq minutes on lui fait atteindre le sommet de ce petit mât. À une heure précise, à la seconde précise, la grande horloge régulatrice de l'observatoire de Greenwich met en mouvement une petite pièce mécanique qui envoie un choc électrique dans le Strand ; ce choc met lui-même en

19

mouvement une autre pièce mécanique qui fait échapper la boule élevée, laquelle se précipite en bas sur un ressort d'air qui en amortit le choc. Comme cette boule volumineuse est à une hauteur de 130 pieds anglais au-dessus de la Tamise, qu'elle a six pieds de diamètre, qu'elle est peinte de couleurs vives et qu'elle parcourt un espace assez considérable, elle peut être aperçue à une grande distance de tous côtés, et tous ceux qui veulent régler leurs montres et leurs horloges peuvent le faire par le moyen de ce signal. De plus, une horloge ré-glée par l'électricité, de manière à suivre la grande horloge de l'ob-servatoire royal, est illuminée la nuit et donne l'heure par quatre cadrans. Elle a été établie sur un massif carré, en avant de l'office télégraphique du Strand, et elle indique l'heure de Greenwich tout le jour et toute la nuit, c'est ensuite de l'office du Strand, relié ain-si à l'observatoire royal, que parlent les indications qui portent ce temps à toutes les stations. Il n'est pas douteux que plus tard l'heure de Greenwich sera celle de toute l'Angleterre. Cette disposition est regardée comme tellement utile, qu'il est question d'indiquer de même le temps de Greenwich aux capitaines qui s'approchent de la côte anglaise, en arrivant ou en partant, de manière qu'ils puissent régler leurs chronomètres. Par un temps de brouillard, le signal sera un coup de canon tiré électriquement à l'heure précise, et qui sera entendu quand la chute d'une boule ne pourrait pas être aperçue. La nécessité d'éviter les accidents des chemins de fer a déjà fait adopter le temps de Paris pour toute la France. L'Allemagne, si divisée eu petits états, a choisi une ville centrale, sans importance politique, dont l'heure sera adoptée. À ceux de mes lecteurs qui ne seraient point familiers avec ce qu'on appelle les *notions de sphère*, je répé-terai que quand il est midi à Paris, il n'est à Rouen que onze heures cinquante-cinq minutes, en sorte que si l'on conservait les heures locales, un signal envoyé à midi de Paris, et qui franchit l'intervalle en moins d'un cent millième de seconde, arriverait à Rouen à midi moins cinq minutes. Un de nos plus spirituels journalistes me ser-vait un jour d'auxiliaire pour persuader à un entêté bourgeois de Rouen de renoncer à son midi et à ses heures normandes. — Eh bien ! soit, dit-il enfin au compatriote de Guillaume le Conquérant, gardez vos heures ; mais alors la dépêche de Paris partant à midi et arrivant à onze heures cinquante-cinq minutes à Rouen, arrivera chez vous avant d'être partie !

En passant de l'Angleterre au continent, on trouve que le télégraphe électrique y est encore plus prisé qu'au-delà de la Manche, parce que sa rapidité contraste encore plus avec la lenteur comparative de la poste et des moyens de voyager en Europe, quand on les met en parallèle avec ceux d'Angleterre. Les voitures et les trains de wagons peuvent différer entre eux de vitesse suivant la contrée ; mais la vitesse de l'électricité est la même partout, et, comme la lumière, elle est capable de faire le tour de la terre eu une très petite fraction de seconde.

En France, le gouvernement est à la tête des lignes télégraphiques. Le bureau central du ministère de l'intérieur et celui qui est établi près de la Bourse, correspondent avec les embarcadères de tous les chemins de fer. Ainsi que nous l'avons dit, Paris est déjà en communication électrique avec Dieppe, Calais, le Havre, Nantes, Bordeaux, Lyon, Toulouse, Marseille et Strasbourg. Cette dernière ligne a permis de relier Paris à l'Allemagne et à l'Italie sans passer, comme autrefois, par la Belgique, la Prusse et l'Autriche ; c'est par Bade que se fait la jonction, et à la direction de Strasbourg un télégraphe badois figure à côté du télégraphe français, de même qu'un poste de télégraphie française est placé à Londres dans l'office du Strand, pour le service de la France. M. Sagansan, géographe, à l'administration des postes, vient de publier un petit livret très utile, accompagné d'une carte tenue au courant de toutes les extensions télégraphiques en France et en Europe. Avec ce guide, qui se vend quelques décimes, on a le tableau exact de toute la télégraphie électrique européenne. On racontait dernièrement qu'une dame anglaise était désespérée, parce qu'en allant faire une visite elle avait appris qu'on avait écrit à Florence pour louer dans les environs une villa, un casino, un *palazzo* qu'elle désirait habiter cet été. Le mari, désespéré du désespoir de sa femme, pense au télégraphe électrique ; il écrit par cette voie à Florence ; il rapporte la nouvelle que la maison de campagne est louée à lui pour la saison prochaine, et que la convention signée va lui être expédiée par une lettre qui ne peut voyager sur les fils électriques. Un auditeur nie le fait, prétendant que le télégraphe électrique ne va pas jusqu'à Florence. Que faire quand on nie un fait ? Se taire ; mais si ce contradicteur lit ces lignes, il pourra prendre le guide de M. Sagansan, et il verra qu'en ajoutant 33 francs 33 centimes au prix d'une dépêche expédiée jusqu'à la frontière belge, ou bien 21 francs 83 cent. au prix de la dépêche de Paris à Strasbourg, il pourra envoyer à Florence par ces deux voies la dépêche ordinaire de vingt mots, et retenir tous les hôtels et toutes les maisons de campagne de Florence et des environs.

Jusqu'à 1840, la Belgique n'avait presque rien fait pour la télégraphie électrique. Une commission, ayant à sa tête l'astronome royal

Jacques Babinet

M. Quételet, examina la question et se prononça pour les fils portés par des poteaux, et non point pour le système souterrain de la Prusse et d'une partie de l'Allemagne. Les chemins de fer belges ont depuis lors établi des télégraphes électriques sur tout leur parcours, et avant la jonction récente de Strasbourg et de Bade par Kehl, Paris correspondait avec Berlin, Vienne et Venise, par la voie de la Belgique.

Dans la Hollande et dans le nord de l'Europe continentale, les télégraphes électriques ainsi que les chemins de fer n'ont pas fait de grands progrès ; mais le besoin s'en fait sentir plus impérieusement de mois en mois et presque de jour en jour.

Dans l'Allemagne et dans l'Europe centrale, il y a des télégraphes électriques sur tous les chemins de fer dont l'importance n'est pas minime. Ces routes et ces télégraphes traversent tous ces petits états si divisés, sans s'occuper de la délimitation des territoires. L'Autriche seule possède 5 ou 6,000 kilomètres de fils télégraphiques. L'Allemagne sans l'Autriche en a autant. Une grande partie est placée sous le sol et recouverte de gutta-percha ; mais il semble y avoir une tendance à revenir au système des poteaux, adopté originairement par Wheatstone et Cooke en Angleterre. La perte de force du courant transmis semble par là notablement diminuée.

Les états les moins commerçants du midi de l'Europe sont activement occupés à compléter leurs communications télégraphiques. La dépense est si excessivement petite, comparée à celle de l'établissement des voies ferrées, qu'il est probable que bientôt la longueur des fils électriques excédera de beaucoup celle des chemins de fer. Pétersbourg et Moscou sont ou vont être incessamment reliés non-seulement l'un à l'autre, mais encore avec les ports de la Baltique et de la Mer-Noire. Pétersbourg est déjà en communication avec Vienne par Varsovie et Cracovie. La Turquie elle-même, si dénuée de tout chemin de fer, étudie le plan d'un réseau télégraphique. L'Italie, a déjà plusieurs centaines de kilomètres de télégraphes. La Suisse vient de compléter plusieurs lignes, et l'Espagne entre à son tour dans la voie de la télégraphie électrique. Il n'est pas facile de présumer quel nombre de kilomètres seront en activité à la fin de 1853.

En Piémont, l'établissement du télégraphe électrique a donné lieu à de curieuses constructions. Le chemin de fer de Turin à Gênes est complet depuis Turin jusqu'à Arquata, et le télégraphe électrique suit la voie de fer ; mais de cette dernière station jusqu'à Gênes les travaux sont si dispendieux, que l'on sera peut-être longtemps encore à compléter cette route. Le télégraphe a franchi hardiment tous ces obstacles. Les fils ont été tendus de montagne en montagne, au travers de ravins d'une immense profondeur, et supportés par des poteaux distants d'un kilomètre et plus. D'autres fois ces fils s'enfoncent sous terre, quand le niveau de la contrée s'élève. L'habile ingénieur italien M. Bonelli a eu le bonheur d'exécuter ces travaux qui surpassent tout ce qui a été fait en Angleterre.

Une des annonces qui a le plus intéressé le public anglais a été la détermination prise par la compagnie des Indes Orientales d'introduire la télégraphie électrique dans ses vastes possessions territoriales d'Asie. L'importance des communications électriques est immense dans un pays dont les routes sont si mauvaises et dont les rivières sont si peu navigables. MM. Morewood et Rogers sont occupés à galvaniser plusieurs milliers de tonnes de fil de fer destiné à relier entre elles les principales cités de l'Inde britannique. Les fils seront supportés par des bambous vissés dans le sol.

Passons maintenant l'Atlantique.

La première ligne de télégraphe américain fut construite en 18 44 ; elle allait de Washington à Baltimore, une distance de 65 kilomètres. Le congrès alloua 150,000 francs pour la dépense de l'entreprise. En 1848, un système gigantesque unissait déjà Albany, New-York, Boston, Québec, Montréal, Toronto, et de là descendait vers la Nouvelle-Orléans, au travers de la Virginie ! Cincinnati, Saint-Louis et les lacs du Canada sont reliés à New-York et à Boston par des lignes multiples et entrecroisées, dont quelques-unes ont été poussées jusqu'à Halifax, près du banc de Terre-Neuve. Enfin, en 1852, des fils électriques ont été posés sur une immense étendue, principalement dans les vastes états du centre qui avoisinent le Mississipi et le Missouri, au-delà des contrées qu'arrose l'Ohio.

Si, avec une carte devant les yeux, nous traçons les diverses routes suivies par cette télégraphie électrique, nous trouvons que le télégraphe ne connaît pas les questions de territoire, de pêche, ou de nationalité anglaise ou américaine. Halifax et Saint-Jean sont unis par le télégraphe aussi bien que Montréal et le Bas-Canada avec les rives du lac Champlain, et de là avec New-York et Boston. Enfin, dans les états du nord aussi bien que dans l'Amérique britannique, nous trouvons un réseau des plus compliqués de lignes télégraphiques qui se coupent en tout sens. Sur plusieurs routes et entre les mêmes villes, il y a deux et même trois entreprises rivales. Dans les états du sud, les télégraphes électriques, comme toute autre espèce d'entreprise commerciale, sont moins développés que dans le nord, ce qui n'empêche pas les nouvelles commerciales apportées à New-York par les paquebots de Liverpool d'arriver à la Nouvelle-Orléans en 20 minutes, par une ligne électrique ou plutôt par deux lignes électriques de près de 3,000 kilomètres de long ! C'est encore M. Charles Olliffe qui me fournit cette donnée curieuse. Ces fils, que les Américains du Nord trouvent peu nombreux, traversent néanmoins le Maryland, la Virginie, les deux Carolines, la Géorgie et atteignent le golfe du Mexique. C'est surtout dans les états du centre et de l'ouest que le télégraphe électrique est quelque chose d'étonnant ! non qu'il égale en longueur ceux des états de l'est, mais c'est qu'il contraste étrangement avec l'état à demi civilisé de ces localités, il y a très peu d'années. Non-seulement dans l'Ohio, le Kentucky, le Tennessee et l'Alabama, mais encore plus à l'ouest, où naguère on ne voyait que des Indiens sauvages, chassant aux fourrures, les appareils le plus essentiellement du domaine exclusif de la pensée se rencontrent partout. Les compagnies électriques vendent *leur longitude* (quelle denrée commerciale !) aux villages qui seront dans quelques années d'immenses cités, car la population américaine, dans ces fertiles vallées, *essaime* sur place indépendamment de l'émigration qu'elle reçoit d'Europe et ailleurs de Chine. Que dire d'un pays où la ligne électrique de Philadelphie à la Nouvelle-Orléans, d'environ 3,000 kilomètres, est desservie par deux compagnies totalement distinctes ? Quant au total de longueur des fils télégraphiques, on l'évalue de 18,000 à 25,000 kilomètres : c'est plus que la moitié du tour de notre planète Sur ces énormes distances, il faut compter le Canada comme faisant un dixième du total, ce qui ne laisse pas moins pour les États-Unis un développement fabuleux, qui de jour en jour prend encore un rapide accroissement.

On a peu fait au Mexique pour la télégraphie électrique. On parle d'un fil allant de Mexico à Acapulco, sur le Pacifique, et, dans l'est, traversant le Texas pour rejoindre la Nouvelle-Orléans ; mais il n'y a pas grand'chose à attendre d'une république si pauvre et si désorganisée. La proposition faite d'un câble sous-marin de la Floride à Cuba semble devoir arriver plus tôt à bonne fin, surtout si l'on songe aux vues persévérantes des États-Unis sur l'annexation de Cuba.

L'importance des télégraphes de l'ancien monde est tellement dépassée par celle des télégraphes d'Amérique, qu'il n'y a aucune comparaison à faire. C'est particulièrement dans la transmission des nouvelles commerciales et politiques que brille le génie télégraphique américain. La première nouvelle transmise de New-York à Washington, en 1846, fut celle d'un vaisseau lancé à la mer, à Brooklyn, en face de New-York, nouvelle destinée à l'insertion dans les journaux de Washington. Comme les dépenses étaient lourdes, on n'insérait alors que peu de nouvelles transmises électriquement ; mais le grand intérêt qui s'attachait à la guerre du Mexique et la rapide transmission des nouvelles de victoires réitérées mirent le télégraphe électrique en grande faveur. Quelque temps après, les journaux de New-York et de Boston se cotisèrent pour obtenir le plus tôt possible les nouvelles d'Angleterre. Dès que les paquebots anglais touchaient à Halifax, un exprès était envoyé à Annapolis, et ensuite un autre exprès à vapeur partait pour Portland, d'où le télégraphe transmettait les nouvelles à Boston et à New-York. Ce système coulait environ 5,000 francs par paquebot, mais l'extension des chemins de fer et des télégraphes dans l'est a beaucoup diminué ces frais.

Quelque temps après, il s'organisa un corps de gazetiers électriques, qui bientôt inventèrent un chiffre sténographique des plus abrégés. M. Jones, l'un de ces sténographes, donne un exemple pour montrer la prodigieuse abréviation que produit cette diplomatie électrique. Supposons le message composé des neuf mots suivants : *Bad, came, aft, keen, dark, ache, lain, fault, adapt.* Ces mots, traduits en langage ordinaire, comprennent les renseignements commerciaux que voici : « Le marché à la farine pour les qualités communes ou même bonnes venant de l'ouest est peu actif. Il y a cependant quelques demandes pour la consommation intérieure et l'exportation. Vente, 8,000 barils. Le *genessee* est a 5,12 dollars ; le froment en première qualité est bien tenu et demandé ; la seconde qualité est faible avec tendance à la baisse. Vente 4,000 boisseaux à 1,10 dollars. Pour les autres céréales, les nouvelles de l'étranger ont pesé sur le marché. Aucune vente importante n'a eu lieu. Il n'y a eu que 2,500 boisseaux livres à 67 centièmes de dollar. » On ne peut pas pousser plus loin l'économie des signes et celle de la transmission qui se paie par mots.

L'usage de la sténographie a été rendu nécessaire par le prix considérable des mois transmis. On prend 5 centimes par mot de New-York à Boston, et quatorze fois autant, c'est-à-dire 70 centimes de France, pour chaque mot transmis de Washington à la Nouvelle-Orléans. La presse quotidienne ne pouvait à l'origine insérer plus d'une demi-colonne de nouvelles électriques ; mais, à mesure que la concurrence s'est établie, les prix se sont beaucoup abaissés, et les entrepreneurs de rédaction électrique, travaillant en communauté pour plusieurs journaux, se sont un peu relâchés de leur sévère sténographie. Les commerçants continuent à employer les chiffres ou combinaisons de lettres, qui sont interprétés par une espèce de dictionnaire dont les conventions, changeant à volonté, leur assurent le secret le plus absolu.

Voici l'arrangement fait en commun par sept journaux de New-York. Un agent spécial et responsable recueille toutes les nouvelles télégraphiques importantes au moyen de correspondants distribués dans les principales cités de Union ; il en fait faire huit ou dix copies par des machines adaptées à ce genre de travail (après que ces nouvelles ont été mises en anglais vulgaire), et il envoie ces copies aux sept journaux associés. Quand le congrès est assemblé, il y a un sténographe électrique près de chaque chambre, et on estime que les nouvelles électriques ne reviennent pas à chacun des journaux de New-York à plus de 25,000 fr. par an, ce qui porte les frais collectifs à 175,000 fr. environ.

Dans les anciens télégraphes américains, l'isolement des fils était très incomplet, et les pertes éprouvées par le courant électrique très considérables. Jusqu'ici la construction des télégraphes a coûté de 100 à 200 dollars (500 tr. à 1,000 francs) par mille anglais d'environ un kilomètre et demi ; mais on pense que pour un bon établissement des poteaux et des fils il faudrait au moins doubler cette somme. Comme il y a aux États-Unis au moins trente compagnies télégraphiques, cette active concurrence a produit plusieurs avantages. Ces compagnies ne répugnent point à l'obligation de payer les patentes de Morse, de Bain et de House, et presque toujours c'est en cédant une part des bénéfices nets que le droit de patente est rémunéré. Contrairement à ce qui a lieu en Angleterre, les télégraphes américains ne sont point confinés aux chemins de fer. Ils traversent d'immenses contrées désertes et de profondes forêts dont les arbres servent de poteaux. Plusieurs de ces lignes sont sujettes à des interruptions occasionnées par la chute des pins, sans compter l'influence des frimas qui s'attachent l'hiver aux fils et causent une énorme déperdition de courant. Enfin les orages électriques eux-mêmes mêlent leur action à celle des piles des stations, et troublent tout. M. Bréguet a aussi reconnu des actions de courant en retour fort obscures quant à leur cause, et il y a remédié, comme à tous les autres accidents qui se sont présentés dans notre pratique française, qui n'admet rien d'à peu près bien. Les Américains passent complètement sous silence le risque d'être foudroyés que courent les employés du télégraphe électrique sans des précautions judicieuses. Pour cet objet, M. Bréguet, au moyen d'un fil convenablement délié, a construit un vrai paratonnerre qui met en sûreté l'employé, même pendant le plus violent orage de foudre. Il recommande aussi très prudemment de ne faire entrer dans les stations que des fils assez petits pour se fondre par une électricité trop abondante, et faire par là même disparaître tout danger. En Amérique, chaque compagnie emploie des inspecteurs chargés de vérifier fréquemment le bon état des fils. Chaque homme inspecte une longueur de 30 à 150 kilomètres suivant la localité, et surtout durant et après les orages et les tempêtes.

En France comme en Amérique, l'administration, forcée par les exigences du service anglais des Indes, a osé établir des fils électriques sur les routes ordinaires. De Chalon-sur-Saône à Avignon, le télégraphe électrique n'est point renfermé dans l'enceinte d'un chemin de fer. Il en est de même de Poitiers à Angoulême ; seulement les poteaux ont été tenus un peu plus élevés : ils ont de 9 à 10 mètres. Jusqu'ici, aucun dégât n'a été l'ouvrage de la malveillance, et dès que les nouvelles de l'Inde arrivent à Marseille, elles sont immédiatement transmises à Londres.

Il y a une grandeur étonnante dans plusieurs des plans conçus par les Américains. M. O'Reilly, qui a construit plus de 12,000 kilomètres de télégraphe électrique dans l'Amérique centrale, a récemment proposé d'étendre les fils électriques jusqu'en Californie, dans l'Orégon et au Nouveau-Mexique. Sur la ligne, à chaque station, de 30 en 30 kilomètres, on établirait un poste de vingt dragons pour protéger les fils, tenir les Indiens en respect et secourir les émigrants qui vont en Californie. Leur service comprendrait aussi la transmission des dépêches, qu'ils porteraient d'une station à l'autre, comme le font les piétons dans l'Inde. Ce serait une ligue de civilisation autant qu'une ligne de télégraphie électrique. Depuis lors, un comité du congrès a recommandé mie ligue télégraphique différente de celle de M. O'Reilly. Cette ligne, partant de Natchez, sur le Mississipi, arriverait par le nord du Texas, au golfe de Californie, et suivrait ensuite la côte jusqu'à Monterey et San-Francisco. La distance serait d'environ 4,000 kilomètres et un peu plus grande que celle de M. O'Reilly ; mais elle traverserait une contrée occupée par des populations moins sauvages.

Les télégraphes municipaux font un service de sûreté très utile en Amérique. Toutes les alarmes pour cause d'incendie sont propagées avec rapidité, et des secours sont appelés aussitôt. À New-York, huit cloches d'alarme sont reliées entre elles et avec la tour centrale de l'hôtel de ville par des fils électriques ; à Boston, on a employé dans la ville seule plus de 75 kilomètres de fil pour le même objet. On peut présumer qu'à Londres, où le système des fils souterrains a pris beaucoup de développement, un service de petite poste électrique ne tardera pas à s'organiser.

C'est à l'Amérique encore que revient l'honneur d'avoir appliqué la première le plus étonnant de tous les résultats de la télégraphie électrique, savoir l'établissement du système sous-marin, établissement qui nous fait entrevoir dans l'avenir la connexion et la communication instantanée des deux extrémités de la terre, car s'il faut à peu près une heure ou deux pour envoyer un message à une ville éloignée, ce n'est réellement que le procédé mécanique d'ouvrir les communications qui produit ce retard : l'agent électrique lui-même ne mettrait qu'un temps indivisible pour aller aux antipodes.

Les premiers fils sous-marins ont été employés à New-York. La position de cette immense cité, actuellement de près de 700,000 âmes, est tout à fait exceptionnelle. La principale partie est située a l'est du fleuve Hudson, qui descend du nord ; une espèce d'immense faubourg, appelé la cité Jersey, est à l'ouest et de l'autre côté de l'Hudson ; enfin une troisième partie de cette ville, Brooklyn, est bâtie sur une île au sud-est. Le lit de la rivière est un point de grande activité commerciale au-dessus duquel on ne pouvait point tendre des fils. On fut donc obligé de remonter la rivière à 90 kilomètres de la ville, afin de trouver des rives assez escarpées et assez élevées pour y placer sans inconvénient un fil électrique. Ainsi le détour occasionné par l'obstacle de la rivière était de 180 kilomètres. M. Jones établit que cette difficulté donna naissance à l'établissement d'un télégraphe sous-marin avant qu'il fût adopté en Angleterre ; mais les fils étaient brisés ou perdaient le courant. Enfin la *gutta-percha* fut employée, et maintenant des lignes sous-marines ou sous-fluviales traversent l'Hudson de New-York à Jersey. De temps à autre, un des fils est enlevé par une ancre ; mais, comme il y en a plusieurs, de distance en distance, il en reste toujours suffisamment pour le service du télégraphe.

Tout le monde sait qu'en août 1850 un simple fil sous-marin fut établi de Douvres à Calais. Quoique l'établissement d'un tel fil ne put être regardé comme une œuvre sérieuse, cependant les dépêches passèrent pendant quelques minutes, et on fut encouragé à former un fil ou plutôt un câble doué d'une plus grande résistance. Ce câble, qui fonctionne maintenant depuis un an et demi, contient quatre fils séparés les uns des autres, revêtus de *gutta-percha* et entourés d'un mélange de résine et de graisse ; de fortes spirales en fer recouvrent le tout. Ce câble vigoureux pèse à peu près 180,000 kilogrammes, et a presque 40 kilomètres de longueur. Il est juste de remarquer que l'entreprise de M. Brett fut spécialement patronée par la France, et notamment par l'empereur actuel des Français, sans la protection duquel il est probable que l'Angleterre serait encore séparée du continent.[3] Je n'ai point entendu dire que les distinctions honorifiques soient allées chercher le persévérant M. Brett, le Christophe Colomb de la télégraphie électrique. Cependant le service qu'il a rendu à l'Angleterre est immense : la communication entre Douvres et Calais a rattaché Londres aux lignes de Belgique et de France. On trouve dans les tarifs de la compagnie sous-marine le prix des dépêches pour Bruxelles, Berlin, Hambourg, Dresde, Munich, Venise, Florence, Milan et Paris. Un message de cent mots peut être expédié pour le prix de 125 francs à Lemberg, presque au centre de la Russie d'Europe, en Hongrie ou en Italie. Après les cours de la Bourse de Paris, la première dépêche politique qui fut transmise par la voie sous-marine, et qui parut dans le *Times* du 14 novembre 1851, était datée de Paris à sept heures du soir du jour précédent, et elle annonçait le rejet de la loi électorale par une majorité de 355 voix contre 348. Comme pour toute œuvre grandiose ; l'étonnement que produit le succès s'affaiblit à mesure que nous nous familiarisons avec les avantages qui en découlent. Les journaux anglais reçoivent maintenant avec la plus grande régularité les nouvelles du continent par la voie sous-marine, et l'on ne peut s'empêcher d'espérer que ces relations sociales contribueront puissamment à répandre les lumières de la civilisation et à consolider la fraternité de tous les peuples.

En mai 1852, un câble de télégraphe sous-marin fut déposé dans le canal d'Irlande, entre Holyhead et Howth, près de Dublin. L'opération réussit à merveille, et le câble, qui avait 100 kilomètres de long, fut tendu directement et avec le plus grand succès. Les dépêches furent transmises, et, suivant l'usage de M. Brett (étranger cependant à l'entreprise), un canon fut tiré près de Dublin au moyen d'un choc électrique envoyé d'Angleterre. Le câble, qui n'a qu'un pouce anglais de diamètre (un peu plus de 25 millimètres), a été manufacturée par MM. Newall et la compagnie de la gutta-percha, les mêmes constructeurs qui avaient confectionné dans leurs ateliers le câble de

3 J'ai vu avec beaucoup de satisfaction que dans les journaux anglais de l'époque mon nom n'avait point été oublié parmi ceux des personnes qui avaient été favorables à M. Brett. Je pense qu'il est juste de dire que M. l'abbé Moigno, l'auteur d'un intéressant *Traité de Télégraphie électrique*, a beaucoup contribué par ses démarches empressées à faciliter à M. Brett l'accès des personnes qui pouvaient lui prêter un secours efficace, après avoir signalé avec éloge tout ce que son entreprise, alors jugée d'un succès bien peu probable, pouvait offrir d'intérêt scientifique ou pratique.

Jacques Babinet

Douvres à Calais, lequel était gros comme le bras. Le câble d'Irlande n'a qu'un seul fil. Je suis parfaitement informé que malgré le succès de la pose de cette voie sous-marine, ce télégraphe ne fonctionne pas encore au moment où j'écris.

On a beaucoup parlé de l'intention où étaient les États-Unis de traverser l'Atlantique par un câble de 5,000 kilomètres, distance de Liverpool à New-York, ou bien par un câble plus court établi entre Galloway et Terre-Neuve dont la distance est à peu près moindre de moitié. Je ne puis regarder ces idées comme sérieuses, et la théorie des courants pourrait donner des preuves sans réplique de l'impossibilité d'une telle transmission, même quand on ne tiendrait pas compte des courants qui s'établissent d'eux-mêmes dans un long fil électrique, et qui sont très sensibles dans le petit trajet de Douvres à Calais. Je répéterai ici ce que j'ai dit plusieurs fois, savoir : que le seul moyen de joindre l'ancien monde au nouveau, c'est de franchir par voie sous-marine le détroit de Behring qui, avec les îles qui le partagent, n'offre pas plus de difficulté que la Manche ou le canal d'Irlande, à moins peut-être qu'on ne puisse passer par les îles britanniques, les Feroë, l'Islande, le Groenland et le Labrador. Mais que d'études à faire d'ici là sur les courants polaires, la profondeur des mers, la nature du sol, le climat, ses influences sur les conducteurs, et mille autres éléments dont pourrait dépendre le succès d'une si gigantesque entreprise, qui du moins ne parait avoir contre elle aucune impossibilité matérielle, comme en présente la voie sous-marine transatlantique ! car, malgré leur *outrecuidance (go a head)*, les citoyens des États-Unis n'ont sans doute pas la prétention d'établir des stations intermédiaires au fond de l'Océan.

Si nous regardons la jonction télégraphique des deux mondes comme un problème réservé à une solution éloignée, nous pouvons fixer notre attention sur des projets moins hasardeux. Il y a tant de compagnies qui se forment ou qui sont tonnées pour exploiter les lignes sous-marines, qu'il est difficile de connaître les projets de chacune. Les fils de Douvres à Calais et le câble de Holy-Head à Dublin sont la propriété de deux compagnies différentes : elles sont l'une et l'autre menacées de concurrences. La distance de Port-Patrick en Ecosse à Donaghadee en Irlande n'est que le tiers de la distance de Dublin à Holy-Haad, et il est question d'unir la Grande-Bretagne à l'Irlande par ce point au moyen d'un câble électrique sous-marin. D'autres personnes ont pensé à franchir la distance du moulin de Cantire à Fair-Head, qui est encore moindre, et n'excède pas 21 kilomètres, ce qui est la plus courte distance entre les deux îles.

Télégraphie électrique, ses développements

Il est évident néanmoins que pour l'Angleterre les routes les plus importantes sont celles qui doivent la rattacher au continent, il paraît que la compagnie du télégraphe électrique de Douvres a été peu conciliante dans les arrangements à prendre pour utiliser le système sous-marin, et le résultat est que trois autres compagnies organisant un plan de communication Internationale sans sa participation. L'une des compagnies rivales est celle qui est propriétaire du câble sous-marin de Douvres à Calais. Une autre compagnie a le projet d'établir une ligne sous-marine de Douvres à Ostende ; une troisième compagnie a établi ses fils sous terre, de Londres à Douvres en suivant la grande route des voitures ordinaires, et c'est par là, comme nous l'avons dit, que nuit et jour passent les nouvelles du continent qui arrivent à la presse anglaise. Enfin une dernière compagnie songe à une ligne sous-marine du cap de la Hogue en France à quelque point de la côte britannique. C'est une chose fort importante pour l'Angleterre qu'il y ait plus d'un télégraphe sous-marin qui la joigne au continent, pour éviter le monopole, car, sans la crainte d'une nouvelle voie sous-marine, peut-être le système actuel donnerait-il déjà naissance à plusieurs abus.[4]

---

4 Il y a quelques semaines, le bruit s'était répandit que l'idée de joindre Douvres à Ostende était abandonnée. Un passage que nous tirons d'un journal anglais, l'*Athenoeum* du 21 mai 1853, prouve que ces nouvelles d'abandon n'avaient aucun fondement. « L'achèvement de la communication sous-marine de Douvres à Middlekirk, près d'Ostende, est un événement qui ne manque pas d'importance tant au point de vue des intérêts sociaux que de ceux de la science. On ne pouvait pas se dissimuler qu'après le peu de succès des tentatives réitérées pour établir un câble électrique dans le canal d'Irlande, le public se laissait gagner par le découragement. Réellement, après le succès du télégraphe sous-marin anglo-français, il ne restait théoriquement aucun doute sur la possibilité de faire communiquer entre elles toutes les nations par des réseaux de fils électriques ; mais comme les essais infructueux s'accumulaient de plus en plus, il était possible de supposer que les industriels, tout en admettant la théorie comme parfaitement infaillible, ne craignissent d'avoir trop longtemps à en attendre la réalisation pratique. La ligne ouverte avec la Belgique est une nouvelle et évidente preuve que la science est parfaitement en mesure de surmonter tous les obstacles qui pourraient se présenter dans l'établissement des fils sous-marins. Quant aux avantages sociaux et commerciaux, cette ligne est d'une très grave importance. C'est pour nous une seconde grande route de communication avec toutes les nations européennes, surtout lorsqu'on réfléchit qu'en cas d'éventualités, sans doute peu probables, mais enfin non impossibles, cette voie serait bien plus à notre disposition que celle de Douvres à Calais. En outre elle est plus directe et se relie plus immédiatement avec le grand système central des chemins de fer de l'Europe. Non-seulement c'est la voie la plus courte, mais nous pouvons dire la plus naturelle, car c'est à Ostende que se trouve la tête de tous les chemins de fer allemands, et par suite de tous ceux du continent, qui aboutissent en grand nombre aux rives du Rhin, soit dans la partie supérieure, soit dans la partie inférieure de son cours. »

Jacques Babinet

Un projet récemment publié, et qui a déjà reçu un commencement d'exécution par des marchés passés et des concessions obtenues ou sur le point de l'être, est celui qui, après injonction déjà presque faite du système français au système piémontais, prolongerait cette ligne télégraphique en Corse au moyen d'un fil sous-marin jeté de Corse en Italie. Un télégraphe ordinaire traverserait l'île, et un autre conducteur sous-marin unirait la Sardaigne à la Corse. Après avoir traversé, la Sardaigne, le télégraphe aboutirait à l'un des caps du sud de l'île, dans le voisinage de Cagliari, pour franchir ensuite par un câble sous-marin la distance de la Sardaigne à l'Afrique et arriver à La Calle ou à Bone, dans les possessions françaises, un peu à l'ouest de Tunis. Cette distance est d'environ 180 kilomètres. Bone ou Tunis deviendrait alors un grand centre télégraphique qui pourrait envoyer une ligne à l'ouest dans l'Afrique française et une ligne à l'est vers l'Égypte pour le service des nouvelles de l'Inde. Ce projet, tout grandiose qu'il est, ne présente rien d'impossible, surtout d'après les sondages opérés dans toutes ces localités maritimes.

La télégraphie électrique, avec sa prodigieuse rapidité, avec l'agent presque immatériel qu'elle emploie et le peu de poids des fils qui sont parcourus par les signaux, semble de toutes les applications importantes de la science celle qui, en passant de la théorie à la pratique, a conservé le plus son caractère purement scientifique. Je sais qu'il est de mode actuellement d'attaquer les académies et de leur imputer à crime toutes les applications qu'elles n'ont pas faites elles-mêmes et qu'elles ont laissé réalisera d'autres qui. Sans être préoccupés de la partie théorique, ne cherchent que la pratique utile et commerciale. À chacun son œuvre. Nous reviendrons victorieusement là-dessus une autre fois dans cette *Revue*, en montrant que les travaux d'application sont avant tout des travaux collectifs. Sans l'art de fondre le fer comme on le fait aujourd'hui en fonte douce et d'aléser les cylindres des corps de pompe, aurait-on pu faire les machines à vapeur ? Dans les paroles citées d'Ampère, ne voit-on pas que l'ignorance où nous étions de la portée où pouvait atteindre le courant transmis par les fils conducteurs nous imposait le doute le plus impérieux sur la réussite du télégraphe èlectro-magnétique pour de grandes distances ? Sans les découvertes de M. Arago sur l'aimantation par les courants électriques, aurait-on la force, nécessaire pour imprimer, pour faire presser, piquer, rayer, percer les papiers à dépêches ? Et avant de savoir que cette forte aimantation se produisait à des distances de 1,000 de 2,000-kilomètres, où étaient les télégraphes américains ? L'œuvre des académies est collective, c'est un travail d'abeilles dans lequel sont compris les industriels eux-mêmes, qui disent avec Cicéron : *Cui bono* ? Dans quel but d'utilité ? Les œuvres littéraires sont au contraire tout à fait individuelles et n'admettent aucune collaboration ; mais passons du domaine de l'amour-propre à celui de la philanthropie.

Je déclare que la plus belle propriété du télégraphe électrique est celle qu'il a d'empêcher la plupart des accidents qui arriveraient sans lui, accidents comparativement très rares aujourd'hui. Dans les premiers mois de l'établissement du télégraphe de Douvres à Londres, une locomotive se détacha d'un convoi et se mit à courir, dans la direction de la capitale, avec la vitesse que donne une force aveugle. Quel moyen d'éviter tous les malheurs et les dégâts de cette locomotive si l'on n'avait pu être prévenu sur toute la ligne ? C'est ce qu'on fit par le télégraphe électrique. Des obstacles élastiques furent disposés en avant de l'embarcadère de Londres pour atténuer autant que possible le choc de cette masse lancée avec une vitesse désastreuse. Mais il y a mieux. À une station déjà assez éloignée de Londres, deux intrépides mécaniciens chauffèrent à toute vapeur une locomotive déjà prête au service. Quand la locomotive échappée passa devant eux avec la rapidité d'un cheval de course, ils se précipitèrent sur ses traces avec la rapidité du vol de l'hirondelle, qui est trois ou quatre fois plus grande. Je tiens de personnes bien informées que, dans cette course périlleuse, le choc de l'air ne permettait point à ces deux hommes de se tenir debout. La machine fugitive, suivant l'expression d'un des narrateurs, fut gagnée de vitesse, puis accostée, puis enfin un des mécaniciens passa dessus, et, saisissant les manivelles, la maîtrisa aussi facilement qu'un écuyer maîtrise un cheval bien dressé. Le génie britannique a calculé que les dégâts que la locomotive aurait causés à l'embarcadère (accident arrivé déjà plusieurs fois) surpassaient la valeur du prix de toute la ligne électrique ; mais on ne dit rien des dangers que les hommes auraient courus par suite de ce train spécial d'une si dangereuse espèce ! Dans le dernier voyage de l'empereur des Français, des trains extraordinaires partaient à toute heure sans le moindre inconvénient : il n'y eut pas même l'ombre d'une crainte. Quand la malle des Indes débarque à Marseille, elle est à l'instant livrée à une locomotive dont le service est exclusif ; elle arrive à Avignon et mule de là jusqu'à Châlons-sur-Saône, où elle reprend tout de suite un train spécial pour arriver sans retard à Paris, à Calais, et enfin à Londres. Comment, sans le télégraphe électrique, faire déblayer la voie et éviter de funestes rencontres ? Disons encore que M. Bréguet a garni un grand nombre de convois d'appareils électriques mobiles, en sorte que partout où l'on s'arrête, de gré ou de force, on correspond avec les deux stations entre lesquelles on se trouve. Il y a très peu de jours, un convoi, sur la route d'Orléans à Paris, n'a pu continuer sa marche, par suite d'un essieu brisé. Un secours a été demandé et obtenu, par l'appareil mobile de M. Bréguet, tellement qu'on s'est à peine aperçu du retard éprouvé. Ajoutons que cette facilité d'appeler du renfort a permis de diminuer considérablement le nombre des locomotives qu'on était obligé de tenir en relais pour parer aux accidents, et qu'ainsi il en est résulté économie comme sûreté. Les gens qui ne sont contents de rien critiquent la télégraphie électrique en ce qu'elle est impuissante à transporter sur ses fils un papier pesant seulement un gramme. Ils lui doivent peut-être la vie, parce qu'elle aura prévenu une catastrophe qui leur eût été fatale ! En un mot, le plus beau titre d'honneur de la télégraphie électrique est la sûreté des voyageurs sur les chemins de fer, sûreté pour laquelle elle a plus fait que tous les règlements imposés aux employés, et dont cent fois le hasard déjouait la prévoyance.

ISBN : 978-1546628682